U0163268

とことん収納

彻底收纳

从零开始教你学高效收纳

［日］本多沙织 著

侯 月 译

中国轻工业出版社

序言

　　我是一名整理收纳顾问，每天都在思考如何进行收纳，如标题所述，本书将为苦恼不知如何收纳的人提供一种"彻底"收纳的方法。

　　每次我跟新认识的人做自我介绍时，当我说出"我的工作是收纳……"之后，对方基本都会做出相同的反应，他们会说，"拜托您也给我们家看看吧！"也就是说，现在有非常多的人苦于收纳，害怕收纳。另外，也经常有人问我，"您只要看一下空间布局就知道该怎么收纳了吗？"对于这个问题我想说，"很抱歉，我并不会这种魔法。"不管是我自己家还是客户家，要做的事情都是相同的，那就是"彻底思考"。

　　前几天我在电视上看到某公司领导评论说："如何才能想出好的创意，其实是没有秘诀的，如果有的话那就是看你对某件事思考了多久。"听完之后我恍然大悟："收纳不也是一样的吗！"所以我希望大家能对自己身边的收纳进行彻底思考。收纳是生活的基础，好的收纳能改善生活环境，提高生活质量。

目 录

第一章   首先从整理物品开始

第二章   本多家的彻底收纳方法

第三章   实用收纳技巧

第四章　实时转播大家的收纳现场

家庭收纳问题总览

① 每天都要用，却每次都要弯腰取出

每天做菜用的油、洗衣物用的清洗剂等，每次都要弯腰才能取出。虽然已经习惯了，但总是这样的话做家务就会感到倦怠。

② 经常使用的物品却不在身边（或找不到）

每次想要做点什么事情，都要从找东西开始。就算坐下了，也会马上站起来拿东西。

③ 每次拿东西都会发生"雪崩"

东西塞得很满，导致一开门就会发生"雪崩"。自己甚至已经忘记了里面装的是什么东西，完全是无用空间。

④ 收拾东西引发的家庭纠纷

自己努力收拾得很干净，可家人总是瞬间弄乱，于是自己就忍不住去指责，最后双方都很不愉快。

5 东西用不完
或重复购买

当需要某样物品却找不到时，就会重新买。等到再次出现时，却发现已经过期了。

6 杂物太多，
以至于做家务的空间不足

空间小，动作施展不开，导致做家务用时变长，有时甚至懒得开始。

7 家里不舒适，
导致不愿意回家

家人不愿意在客厅休闲。回到家里也不能彻底放松。说到底家里根本就没有能放松的地方。

8 想要收拾却不知
从哪里下手

家里一片狼藉，想要收拾却不知道从哪里下手，也没有下手的勇气……就这样过了一年又一年。

该怎么办?

（解决家庭收纳问题的答案）

应该改变的不是性格，而是收纳方法

很多人将家里乱的原因归结于自己懒惰，但事实上这不是性格问题，而是"收纳方法"的问题。不管是谁，只要使收纳适合"习惯""物品""空间"，就能打造出一个整洁的家。

大家请记住，最重要的是每样物品所处位置的意义。只有将物品放置在恰当的位置上时，才"方便好用"。只有将同类物品放在一起时，才"清楚易懂"，经常使用的物品应做到"方便取用、方便放回"等。

怎样的储物方式才能使每天的生活轻松愉快呢？其系统构建就是"收纳"。

打造一个舒适的家

什么是本书中所说的"好的收纳"？

- 物品放置在习惯使用的位置
- 物品配置方式符合使用频率
- 分组整理，比如"工作文件"
- 以最少的动作取放物品
- 易打扫

整理、收纳与收拾的关系

许多人经常将"整理""收纳"和"收拾"的概念弄混。"整理"是指掌握自己所拥有的物品，将其分类，并将不需要的东西扔掉。进行系统构建使物品易使用的是"收纳"。将物品随便放到没有系统的地方，那么房间就有一瞬间处于未收拾的状态。"收拾"应该是指将物品放回指定的收纳地点这一简单的作业。

第一章

首先从整理物品开始

给所有物品分类

要想解决"东西使用难""空间不够用"等问题，就需要重新审视自己拥有的所有物品以及收纳方式。因此，必须首先将收纳的所有物品都拿出来。不将物品都拿出来而是去翻找，这样无法掌握自己拥有的所有物品。

理想情况是按种类对物品进行分类，比如"衣服类""厨房类"等。如果同种类的物品散落在各处，则需将其集中到一处。

拿出所有物品后，进一步按种类进行分类，让自己掌握"哪种物品有多少"。越是觉得家里乱七八糟的人越是"忘了自己有某件物品""某件物品太多了"等。仅仅是这一步，问题就已经解决一大半了。

Q 把物品全部拿出来具体有什么效果呢?

A 你会知道自己都有什么物品，哪些是重要的以及有什么倾向，也相当于"了解自我"。同时，在拿出的过程中自然会知道哪些不需要，哪些"要扔掉"!也会增强要扔东西的心情。你会开始想打扫一下已经变空的收纳空间，让房间变得干净整洁。

Q 只整理一个抽屉等，只整理一部分可以吗?

A 当然可以，整理一个抽屉或一个地方后，会从心理上觉得整理其实很轻松，并且心情变得舒畅，然后就会想整理其他地方。

Q 道理我都懂，可是难度太高了，总是下不去手……

A 什么都不要想，先把物品拿出来。你一时的决心可能会让后半生都过得很轻松。整理一个地方你就知道这是一件多么令人愉快的事了。

Q 感觉会花很长时间……如果变得一团糟该怎么办?

A 其实也不用整理到最后，只要开始整理就是巨大的进步。如果对生活有影响的区域没收拾完的话，那么就将分类好的物品放到纸袋子里。只要物品得到了整理，心情就会非常轻松。

如果有人觉得一开始就给房间进行收纳难度太高，那么可以从包包开始进行简单的练习。一个地方收拾干净了，就会想收拾其他地方。接下来，将为大家介绍本书的工作人员进行的实践。

Step 1
全部拿出

编辑K
（50多岁，女）

摄影师H
（40多岁，男）

作家Y
（40多岁，女）

Step 2
分类

手帕　化妆包　卡　笔　名片　手账、本

耳机

口罩

纸巾　耳机　水杯　笔记本、本　手帕　化妆包

纸巾

笔　卡　本　卡　抽绳袋

手账

卡片盒　伞　袜子

环保袋

儿童药

纸巾

将物品全部取出并进行分类，就能看出许多问题！

| 摄影师H | 卡片太多了！ |

明明信奉极简主义，卡片竟然多达39张！摄影师H说："这是我所有的卡，家里没有了。"我们量了一下重量，竟然有130g。最后挑选了一下需要随身携带的卡，只有50g。大家一致同意让他把不用的卡放在家里。大家在办卡时一定要谨慎，其实许多卡并没有什么意义。

| 编辑K | 笔太多了！ |

明明有笔盒，但是从包包底部竟然找出了14支笔！有这么多笔编辑K还总说找不到笔，这是因为她嫌把笔放回笔盒里太麻烦，所以每次用完就随便一放。她只需要将笔的固定放置位置改成包包内袋就可以了。

after

从包包拿出

除了卡，还有3个口罩（未使用）、纸巾、两个耳机、过期的暖宝宝都从包包中拿出。以上都是1年以上没使用过，不需要放进包包里。
【后记】之前去店里用积分卡（会员卡）的时候就像玩UNO牌输了一样，得从一堆卡片里翻找，不过现在就没有这个问题啦！

从包包拿出

作家Y前几天刚整理过包包。但这次还是找出了2本书、过期的糖、没用过的抽绳袋、几天前穿过的袜子。然后，这次手帕也忘记带过来，看得出来这个人很粗心马虎。
【后记】她意识到了自己容易忘记带手帕，于是决定以后要在包包里多带几条备用手帕。

从包包拿出

编辑K喜欢同样东西带很多件，比如许多支笔、耳机、两个纸巾、三个名片盒等。另外还找到了过期的小零食和没用过的卡片类。
【后记】后来她只留了两支笔，容易找也容易拿。看来她终于意识到了将物品进行固定位置管理的重要性。

收纳用品的选择方法

选择能一物多用的收纳用品

① 设计简约

理想形状是直线构成的"四角"。组装操作简单，外观整洁。与非常有个性的设计相比，这种简洁的收纳用品不挑放置地点，也不挑收纳的东西。如果是比较素雅的颜色或材质的话，还能完美与室内装修相匹配。

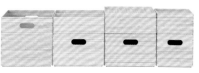

能叠放的竹艺收纳用品/无印良品

② 结实

即使收纳了很多东西也不会变形或损坏，结实程度最好达到稍微摔一下也不会坏，因为要想长期使用就要足够结实。

抽屉式收纳盒/天马株式会社

③ 易清扫

表面光滑并能用水擦拭的收纳用品能一直保持干净整洁。我推荐大家把容易积灰的网格收纳盒等放在易积灰的地方使用。

VARIERA/宜家日本

④ 易组装家具

能自由组装的收纳家具可以根据放置位置或使用目的随意改变尺寸或安装部件。不仅方便收纳，搬家时也很省事。

不锈钢置物架/
无印良品

【非常好用的无印良品】

我从学生时期开始就非常喜欢无印良品，尤其喜欢无印良品从生活层面来说无功无过的功能以及通用性很高的设计。无印良品的商品不仅结实而且一物可以多用，商品之间还可以互换，集齐几件之后可以随意使用，而且无印良品的固定商品不会改变，不管过了多少年都可以再次购置。

注意！购买收纳用品时的注意点

购买时要考虑"使用目的""尺寸""与放置地点的匹配程度"，比如"放置小物件""与客厅的架子匹配的长XXcm、宽XXcm、高XXcm以内的抽屉"等。

第二章

本多家的彻底收纳方法

本多家的收纳方法，
所有步骤全部公开

一年半之前我搬进了现在这个家里。

每次搬家都要面临一个问题，那就是"家里空空的全是收纳空间，东西该怎么放呢？"对于热爱收纳的我来说，搬家是一件令人无比兴奋的事。

我每次都会想：如何将过去的生活放到新家里，如何不增加新家具，而是仅利用现有的收纳用具来确保最大的生活空间。我想做的就是发挥空间的最大作用，过上舒适的生活。

本章将介绍我家的收纳和系统构建的思路。每个人都有自己的生活习惯，希望大家能够活用我家的收纳方法，来打造一个更好的生活空间。

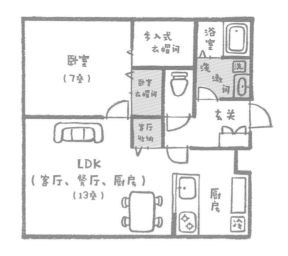

本多家 1LDK（一室一厅）50㎡

译注：一叠相当于1.62平方米。

① 客厅彻底收纳

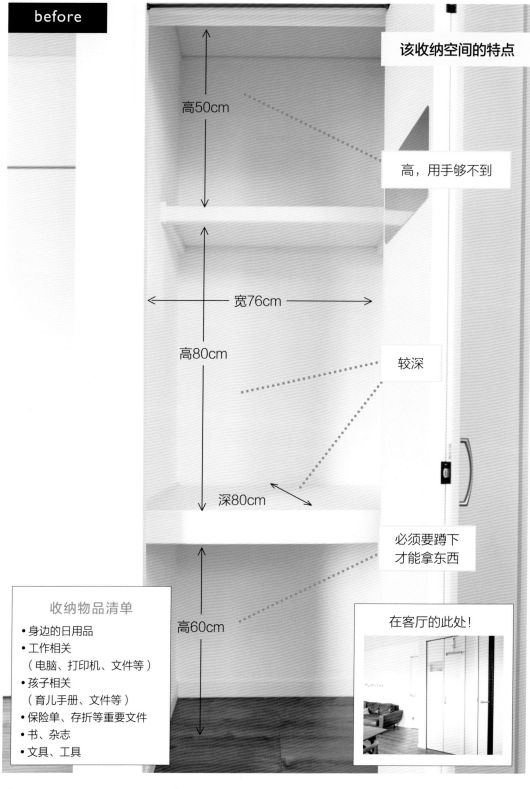

before

该收纳空间的特点

高50cm

高，用手够不到

宽76cm

高80cm

较深

深80cm

必须要蹲下
才能拿东西

高60cm

收纳物品清单

• 身边的日用品
• 工作相关
 （电脑、打印机、文件等）
• 孩子相关
 （育儿手册、文件等）
• 保险单、存折等重要文件
• 书、杂志
• 文具、工具

在客厅的此处！

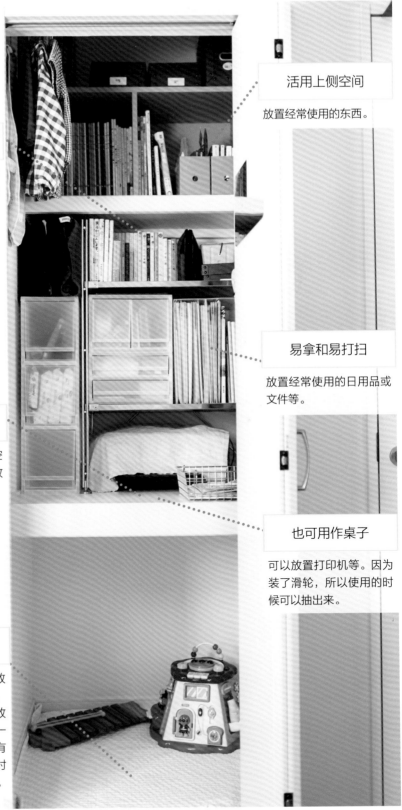

after

不胡乱堆放

就算不经常看书，也要将书的侧面封皮朝向外侧放置，这样才能有读的机会。

空白空间①

在中间区域设置空白空间，可以用来暂时存放物品。

空白空间②

不好拿东西的地方不用故意放满。留出一块空间，当有多余的东西时可以放在这里（也可以和孩子一起在这里玩耍，因为有门，所以要注意让孩子时刻在自己的视线范围内）。

活用上侧空间

放置经常使用的东西。

易拿和易打扫

放置经常使用的日用品或文件等。

也可用作桌子

可以放置打印机等。因为装了滑轮，所以使用的时候可以抽出来。

具体是怎么收纳的呢?

想放置一些
小物件。

虽然有一定的收
纳能力,但是太
深了,感觉不是
很好用……

客厅的宝地,
一定要想办法
使用掉!

收纳宝地

①上侧

进深比较浅,拿取相对轻
松,可以放满。不过,因
为位置比较高,所以不适
合放置需要经常拿取的东
西。因为很高,所以需要
下一番功夫去思考如何活
用全部空间。

②中间

收纳的宝地,不用踮脚也
不用弯腰,站着就能拿放
物品,没有任何负担。适
合放置需要经常拿放的
物品。

③下侧

不管怎么放都要弯腰才能
拿到物品。因为每次弯腰
很麻烦,所以不适合放置
日用品。

这里是客厅和厨房中唯一的壁橱。我一天里
超过半天的时间都要在这里度过,因此,我
认为如果能很好地利用这里的话,生活质量
就会得到很大程度的提升。但是,这里又高
又深,要收纳小物件的话,就必须对空间进
行"划分"。刚搬过来的时候,我就想"一
定要先对这里进行收纳。"

在考虑收纳时,我建议大家按①在收纳宝
地放置使用频率高的物品→②在其余区域
放置使用频率低的物品的顺序进行收纳。

※当然也可以反过来,即先把不经常使用的物品放
在"不好拿取的区域"。

Step 2
划分
空间

首先从收纳宝地开始

解决进深和
高度问题

\ **常见的划分方式** /

把手边的收纳用品暂且先放进去试试……

剩余空间形状不规则，比较难利用起来

※尤其是左边的图片！收纳宝地要放置经常拿放的物品，有盖子的收纳箱（用于保管物品）不要放在这里！

划分出了3块规则且宽敞
（使用时自由度非常高）
的空间

想要解决进深和高度问题，我推荐大家试一下

划分空间！

放置适合划分
空间的家具

这是我一直很喜欢用的无印良品的层架。用户能够根据空间大小将其自由组合，因此，我又买了几块零件把它放在了收纳宝地内。

空间①

空间②

空间③

Step 3
空间划分完成之后放置抽屉

我想在这里收纳日常使用的小物件，所以我决定放置一个方便拿放的抽屉。

我想在客厅附近收纳一些经常使用的文具等小物件。因为很深，所以我就加了一个抽屉，只要抽拉就能把深处的物品拉至眼前。

有没有适合这个空间的抽屉呢？

微微打开门就能进行拿放！

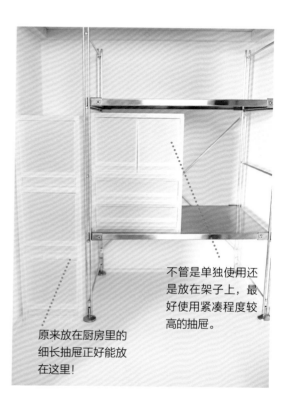

\ 要点 /

放进去之后马上试一试能不能拉开

不管是单独使用还是放在架子上，最好使用紧凑程度较高的抽屉。

原来放在厨房里的细长抽屉正好能放在这里！

通过空间划分+抽屉瞬间提升收纳能力，并且使用起来很方便！

Step 4

在上侧也 放置架子

放置一个基座将空间一分为二，增加互相不干涉的"空间"。这对于又高又宽的空间来说非常有效！

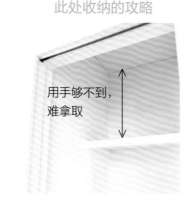

此处收纳的攻略

用手够不到，难拿取

上侧攻略！

这里也存在高和深的问题。通过划分空间使得此处方便使用！

横着放置，使上面又多出一块空间，能够更加有效地利用空间。

放入纸板箱

不管是横放还是竖放，A4大小的文件能都立放于其内，因此，能够根据空间大小来选择其用法。

收纳的基础已完成！

用于放置"文具等小物件""文件""杂志""书籍"等物品的空间就划分完成啦。这里主要把重点放在了站着打开门之后用手就能碰到的"收纳宝地"上。

before

after

Step5
从使用频率高的物品开始收纳

将生活中最常用的物品放置于最容易拿放的空间。这是打造一个"易行动""易收拾"的房间的第一步。

从使用频率"高"的物品（我个人的情况是工作、孩子相关物品等）开始放置。

首先决定大物件的放置位置

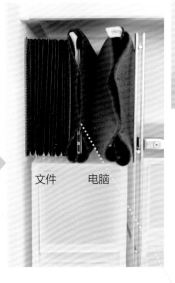

文件　　电脑

不用把门全部打开就能拿到经常使用的物品！

工作上使用的电脑和文件等放在门一打开就能拿到的位置。横着放的话比较占空间，所以最好立着放。

比如，使用书挡的话，有时候文件资料过重，从而导致整体倾倒。如果是文件盒的话，会用3面进行支撑，文件不会"雪崩"。文件盒可以按"孩子相关""工作相关"进行分类，需要整理的时候把整个盒子拿出来就可以了。

文件盒的优点

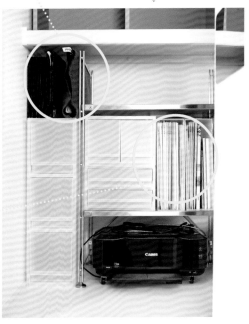

Step**6**
书籍收纳——让自己还想阅读

书、杂志等不读的话就没有任何意义。放在一边容易想不起来去读，因此最理想的放置方式是让书自然地进入我们的视线之中。

刚买的书和经常阅读的书放在一起（客厅的沙发旁边）。这里放置的是已经读过一次的书，放在这里的话容易进入视线，还想让人再读一次。

> 我不想把书排成两列。

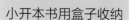

小开本书用盒子收纳

把书横着排成一列的话，小开本书上方就会出现多余的空间。有时候还会被藏在最里面，因此我把它们放在了盒子里。想读的时候就把整个盒子都拿出来。

下面有盖子的盒子里放着打印机的墨、圆珠笔的替芯、便签等"备用文具"。它上面的盒子用来放名片。

＼ 书的收纳完成！／

Step 7

空余空间的利用

通过放入箱子使得上侧的上部还能收纳物品。这里可以收纳一些不经常拿但需要保管的物品。

高处的缝隙也能利用！

这里虽然手够不到，但也可以放东西。

高处要贴标签，保证可视化

如果不知道保管的是什么东西的话，那么这些东西以后可能就找不到了，因此贴标签十分重要。

把不常用的物品放在这里

使用文件盒以保证物品不倒

我把儿子再长大一点会读的绘本放在了这里，预计之后会移动到儿子的游戏区域里。

①租的东西、换气扇的盖子等房屋零件类、②备用的线类、③护照以及礼品袋（新钱也放在一起）、儿子的脐带等，虽然重要但不常用的物品。因为踮个脚就能够到，所以箱子不要叠放，最好保证能随时拿下来。

Step**8**
根据物品
选抽屉

将物品的高度
和抽屉的深度
相匹配！

①

前后较长的抽屉

a: 我丈夫的空间。能一下子放很多东西的比较深的抽屉非常适合我丈夫。b: 给儿子擦屁股的纸巾等婴幼儿用品。c: 婴儿服装叠起来以后刚好能放进去。但是我儿子已经长大了，所以就移到尿布旁边了，所以现在是空的（不必勉强装满，可以给以后预留空间）。

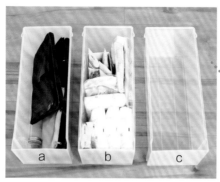

上下较深的抽屉

d: 工具。一个透明胶带既可以代替封箱胶纸，也可以代替胶布。
e: 名片、装在无印良品的护照夹里的亲子手册以及存折等。较深的抽屉适合将平整的物品立着收纳以及收纳形状不规则的物品。

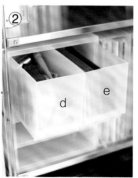

较浅的抽屉

f: 一般文具。笔、夹子、修正带、U盘、订书器等。g: 纸类文具。笔记本、便签、邮票、信封、印章套组。东西太重的话下面的物品不容易拿取，因此小的文具适合放置在较平的抽屉里。利用小盒子将每样物品放在固定位置。

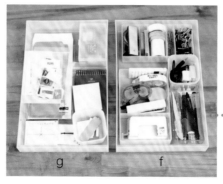

Step **9**
活用墙面

利用伸缩杆将墙面也打造成收纳宝地！

撑起伸缩杆、挂上东西也不会影响其他物品的地方是挂着收纳物品的绝佳场所。这是增加收纳宝地的机会！

撑起伸缩杆

发现壁橱上部的搁板和门前的柱子之间适合撑伸缩杆！

沿着动线将物品放置于此处

利用出门时能轻松取下物品并移动至玄关的动线，来收纳一些能挂着的物品，如项链、手表、环保袋等。也可以收纳一些如每天使用却不想让小孩子随手就能拿到的棉棒等物品。

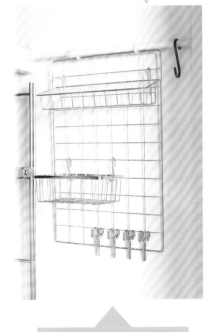

金属材质看起来不会很廉价

将从小商品店买的零件架绑在伸缩杆上，也可以根据用途选择金属网或挂钩等。因为材质是金属的，所以看起来不会很廉价。

完成！

此处收纳的

\ **要点** /

①找到收纳宝地

②将使用频率"高"的
物品收纳在收纳宝地

③划分空间解决深、高
问题

④活用现有的收纳用品

⑤活用墙面

故意留
出前侧
的空间！

这块空间可以用于将打印机拉到
前方，也可以用来暂时放置物
品，防止凌乱。

因为最上层的搁板
浅，而且前面有空
余，所以我就撑了一
个伸缩杆来挂我儿子
的衣服。因为衣服量
很少，所以不会影响
放在里面的杂志的拿
放，外套和外出物品
也放在了一起，所以
外出准备很简单。

在最上层撑伸缩杆

② 卧室衣柜彻底收纳

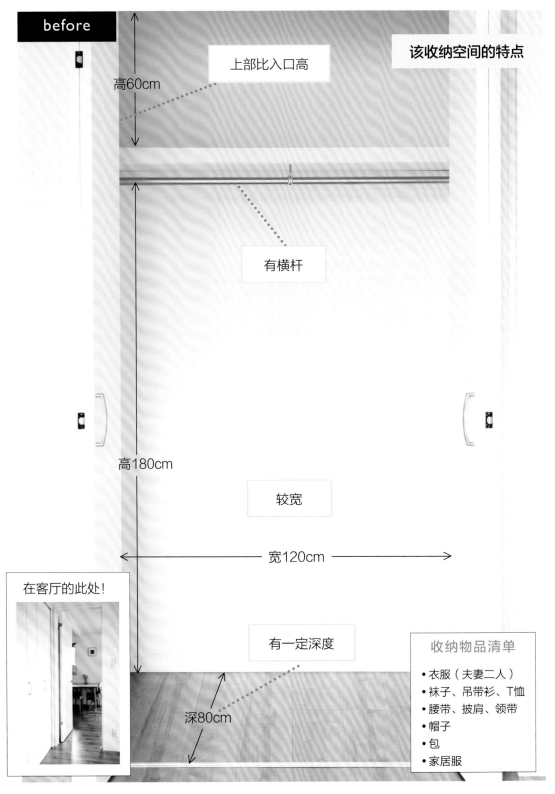

before

该收纳空间的特点

上部比入口高

高60cm

有横杆

高180cm

较宽

宽120cm

在客厅的此处！

有一定深度

深80cm

收纳物品清单

• 衣服（夫妻二人）
• 袜子、吊带衫、T恤
• 腰带、披肩、领带
• 帽子
• 包
• 家居服

目标是易挑选的衣柜

一眼就能看到所有衣物。收纳不过于紧凑，留有空间供挑选。

增加收纳空间

在上部放置架子，使最上方也能放置收纳盒。在收纳盒里放置过季的衣服。

单次动作完成收纳

因为这里只有挂式收纳和开放式收纳，因此只要单次动作就能完成物品的拿放。

按左右和人分类

右侧是我的空间，左侧是我丈夫的空间。左右对称收纳较清晰且易于管理。

十分易打扫

为了能和房间一起进行打扫，而尽量减少放在地板上的物品数量。

具体是怎么收纳的呢？

不用蹲下就
能取物！

下方开放，
保证通风。

能挂着的
尽量挂着！

①被橱

有一定高度，容积与顶柜相当。因为用手只能够到下半部分，所以可以将此处划分为上下两部分，下面放"日常使用的物品"，上面放"不经常使用的物品"。

②挂式

我之前的家里没有挂长衣服的地方，所以这次我想充分利用衣柜的空间。我不喜欢把衣服叠起来，因此最好有空间能把衣服都挂起来。但是衣柜的宽度有限，不可能把所有衣服都挂起来。这里的"空战"才是胜负的关键！

③地板

其实我之前是把抽屉放在地板上，但是我不喜欢蹲下取东西，而且不把门打开就看不见抽屉，所以我就给它撤了。因为这里是放被子和衣物的空间，很容易积灰，所以下面一定要保证容易清扫。

挂	vs	叠

- 我喜欢挂着
- 挂着能一眼看到所有物品
- 下面尽量不放东西

衣柜收纳需要什么？

衣物收纳最重要的是建立一个在"一处""站着"换衣服的系统。最理想的衣柜是以最容易拿取的"横杆上挂着的衣服"为中心，一眼能看到所有衣物或配饰，并能快速搭配。如果收纳宝地不够放下所有衣服，那么我会减少衣服的量。

Step2

按人分类

"打开衣柜，打开抽屉"这两个动作比较费事，所以衣柜中的物品要进行开放式收纳。我还准备了挂袋用来挂小物件。

放置我最喜欢的挂式收纳用品

易拿易放

先确定放入挂袋的物品，再调整数量。里面放了什么东西基本都能看见，只要不放得太满就能轻松地拿放。

衣架要整齐！

放在门稍微打开一点就能拿到的位置

按人分类也许会更方便使用。

右半部分放了我的东西！

以中线为基准划分左右空间，分别放置我和我丈夫的物品，因此只要打开一侧的门就能拿到自己的衣服。

按人分左右收纳

丈夫
区域

我
区域

长衣物挂在两端

我丈夫把裤子挂在了一端，我把连衣裙、大衣等尺寸较长的衣服挂在了另一端，这是因为短的衣物（上衣）取出的频率更高。

中间留出空余空间

中间留空的话，打开门跨一步进去就能拿取衣物。一点小细节也可以使生活变得更轻松。

丈夫
从上往下

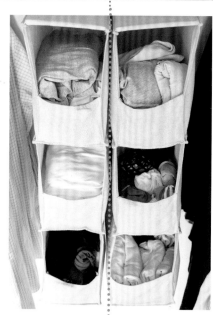

我
从上往下

• T恤
（洗澡之后穿的家居服）

• 内搭T恤
（工作日穿在衬衫内）

• 袜子
（包括工作日和休息日穿的袜子）

• 帽衫、打底裤
（洗完澡之后穿的家居服）

• 袜子
（过季的袜子放在网格包里，并放在最里面。放在同一个地方就不会忘记了。）

• 吊带衫、连裤袜等内搭类
（按季节替换）

Step 3
被橱的
活用

被橱到天花板有60cm高，收纳能力非常优越。我决定放置一个盒子，将空间上下分割，并分别对不同的空间进行利用。

太高了（顶板比门还要高）……

想要一个能收纳折叠物的地方。

我把原来竖着放的盒子横着放了进去。

空间划分完成！

空间被分割，收纳能力进一步提高！

丈夫　　　　　我
T恤、短裤　　上衣

在开放的架子中收纳折叠物

最理想的情况当然是把T恤也挂起来。但是横杆的宽度有限，只好将其叠起来放在开放的架子上。这样衣服就不会被藏起来了。我丈夫的T恤比较大，为了拿放的时候整体不会乱掉，所以我就卷起来了。冬天的时候我准备把针织衫放在这里。

37

Step 4
待穿衣物的收纳

因为放了一个架子，所以最上面又多出了一块空间！

因为很高，物品很难拿取，所以这里放置一些平时不使用的东西。

在高处放置带把手的收纳用品

布艺且带把手的收纳盒适合高处收纳。易抽出，就算掉下来也不会损坏。

①我丈夫过季的衣服。②我过季的衣服。③我儿子的已经小了的衣服。每个收纳盒的把手部分都贴上了标签，上面写了各自的收纳物。

Step 5
在墙面收纳
小物件

大部分的衣柜侧面都
能撑收缩杆。杆能增
加挂式收纳的空间，
也是一个收纳宝地。

用收缩杆把墙壁
也变成收纳空间。

这块空间不
利用起来就
太浪费了！

在伸缩杆上放置与悬挂物相匹
配的挂钩。挂钩有很多种，比
如有的挂钩易于拿取披肩，有
的挂钩不会左右晃动。如果服
饰挂件也挂起来，使用的机会
也会增加，每天的搭配也会变
得更加丰富。

一定要先测量安装地点
的尺寸再去买伸缩杆，
撑伸缩杆时先将一侧抵
住，另一侧从下往上慢
慢推入，推至水平即可。

伸缩杆安装
方法

伸缩杆上放置挂钩

在下侧的伸缩杆上安装带扣环的收纳用品，其中放置椭圆形的披肩

如果伸缩杆和被夹子夹住的挂钩一起使用，就不用担心挂钩掉落，并且能与想要悬挂的物品相对应地进行使用，非常方便。

固定挂钩很方便

为了挂住装幼儿园用品的包以及皮包，我使用的是能承重的大伸缩杆。因为要伸到衣柜的背面，所以要长一点。

安装上下两个伸缩杆

我丈夫喜欢帽子，所以我在上侧撑了一个长的伸缩杆，可以挂很多帽子。下面的伸缩杆用来挂领带、皮带和包等。

我丈夫使用的空间的墙面

完成！

此处收纳的
\ **要点** /

①挂式收纳

②按人进行收纳

③将被橱分割成几块进行使用

④使用墙面收纳小物件

⑤使地板成为房间的延长线，扩展空间

经常忘记收起来的家居服也要进行收纳

我把放置我们夫妻俩脱下来的家居服的布篮子放了这里。我故意选择了几个体积较大的篮子，这样冬天也能放开衫和丝袜等。前侧放置儿童尿布。将此处收纳用品的位置固定，这样在用吸尘器进行打扫时这些东西也不会造成阻碍。

丈夫

我

41

③ 活用洗衣机上方的收纳空间

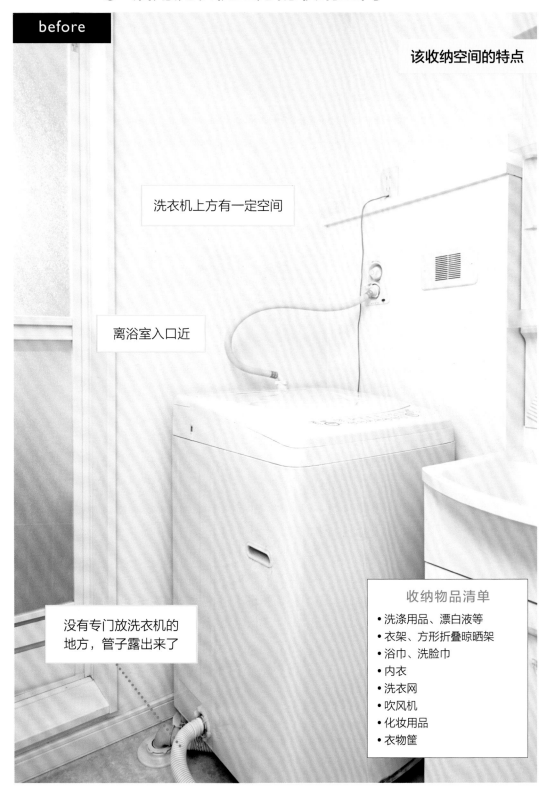

该收纳空间的特点

洗衣机上方有一定空间

离浴室入口近

没有专门放洗衣机的
地方，管子露出来了

收纳物品清单

- 洗涤用品、漂白液等
- 衣架、方形折叠晾晒架
- 浴巾、洗脸巾
- 内衣
- 洗衣网
- 吹风机
- 化妆用品
- 衣物筐

放入家具来大幅增加收纳空间

在洗衣机上安装架子，用于放置洗漱间所需物品。

浴室储物架需要横杆

需要一根横杆来晾洗好的衣服。

通过安装悬挂架来实现双层毛巾收纳

悬挂架安装简单，可以将毛巾按大小分类。

如果惯用手是右手，那么用具就放在右边

如果洗涤用品或衣架等放在右侧，惯用手是右手的人就能顺畅拿取。

活用侧部空间

在架子的侧边放置挂钩，悬挂方形折叠晾晒架。

用自己做的底面开口的架子使不可能成为可能

我自己做了一个底面开口的架子来收纳洗衣机的管子。上面能放抽屉，抽屉里能收纳内衣和洗衣网。

43

具体是怎么收纳的呢?

这里需要能放置洗澡和洗衣服所需物品的"架子",以及能晾衣服的"横杆"。

洗衣机上面的空间好浪费……

因为要收纳很多东西,所以最好能划分一下空间……

要不要考虑购买浴室储物架?

想在这里收纳更多东西!

Step 1
放置浴室储物架

浴室储物架需要:
①有足够的高度
②有横杆
③设计简约

木杆

三片搁板

简约白色

落地式

我对这款浴室储物架一见钟情

我在网上用"带横杆"这个关键词搜索浴室储物架,看到图片并确认了尺寸之后,就看中了这一款(落地式浴室置物架)。

Step 2
优化洗衣动线 的收纳

不管是洗衣服还是洗完澡之后，最重要的是高效进行移动。能否实现这一点取决于用架子打造的收纳系统！越是常用的物品越要放在最容易拿取的地方。

虽然衣物筐用整整一格有点浪费，但是综合动线来看，放在这里最合适！

洗涤用品要利用原来就有的高低差

清洁用品要放在人站在洗衣机前方伸出右手便能拿到的位置。从右往左分别是洗衣粉（洗衣物）、小苏打（整体打扫）、香皂+含氧漂白剂（泡尿布）、柔顺剂（洗衣物时偶尔使用）、漂白剂。我把它们分别装在了不同的容器里，方便使用。

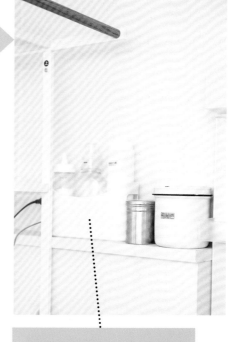

给常用的物品准备"特等座"

放在文件盒里，防止液体洒出来

反复

洗衣机上

虽然大家经常这样放，但是每次用洗衣机都要把它拿开，很麻烦……

反复

地板上

使地面空间变窄……

洗衣机停了之后
可以立即整理洗
好的衣物并拿去
晾晒。我们要将
一系列动作和收
纳匹配起来。

集中性较高的收纳方法

①衣架

用两个文件盒分别放置大小不同的衣架。
因为要晾晒的衣物的尺寸各不相同，所以
要准备好能挂各种尺寸衣物的衣架。

②折叠晾衣架

把折叠晾衣架折起来或者把2个折叠晾衣
架叠放则很容易缠在一起。若挂着放就
不用担心缠绕了，而且也不占地方。

尽量站在一处就能完成所有事情

要点

一步不动、不蹲下即完成晾晒动作

①从洗衣机里拿出来之后先放到衣物筐里
②把折叠晾衣架挂在横杆上
③将洗好的衣物挂在折叠晾衣架或衣架上

Step 3
实现个人打扮动线的高效化

在洗漱间除了洗衣服之外，还要进行洗澡、梳妆等。物品的收纳要保证尽量不浪费空间。

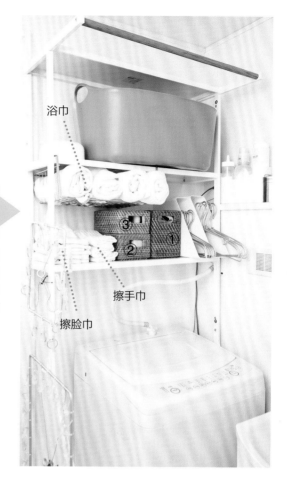

浴巾

悬挂架

可以挂在搁板下，增加收纳空间。这里用来将浴巾和其他毛巾分开放置。较大的布类可以卷起来收纳。

擦手巾

擦脸巾

将所使用的物品放在使用地点能缩短动线，减轻负担。

小物件使用能堆叠的收纳用品

化妆用品只保留必需品

自从生了孩子之后，我就只化最基础的妆了。每天只涂隔离→画眉毛→涂腮红，5分钟搞定。图片里的睫毛夹其实已经被我扔掉了。当然我也不用睫毛膏和口红了。

我将无印良品的藤编篮子进行了组合使用。①吹风机。②香皂和牙膏等备用品。③化妆用品［BB霜、散粉、眼影、发带、发巾、发夹（睫毛夹已经扔掉了）］。

Step4
小空间的收纳方法

我想尽量不压缩生活空间，在现有的收纳范围内放置物品。不断试错会发现更好的收纳方法。

我想把内衣放在洗漱间，因为洗澡之后要穿……

我想在缝隙之间放个抽屉，但是有管子阻挡，放不了，该怎么办？

在管子上面放个东西让它变平就行了？

缝隙

切割几块木板，将其黏合即可！

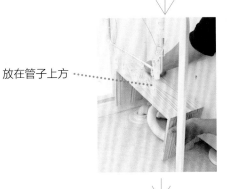

放在管子上方

放置抽屉

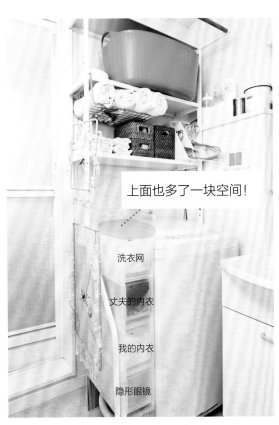

上面也多了一块空间！

洗衣网

丈夫的内衣

我的内衣

隐形眼镜

终于在理想的位置固定放置了内衣和洗涤用品。而且抽屉上面还可以随手放一下化妆品和毛巾等物品，可以说是一举两得。

能不能在洗漱间放垃圾袋用来装小型垃圾和尿布呢？

请关注搁板背面！

可以撑两根伸缩杆夹住垃圾袋

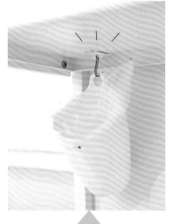

可以用挂钩从搁板背面挂住垃圾桶

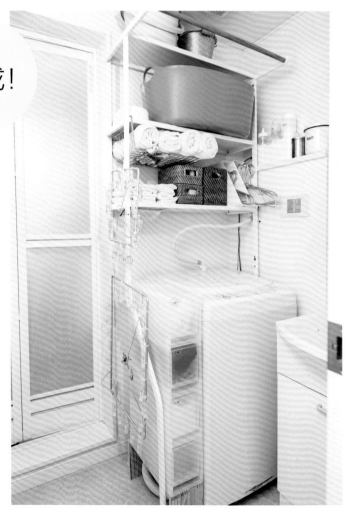

完成！

此处收纳的

\ 要点 /

①经常使用的物品一定要放到"特等座"

②一边思考动线一边进行收纳

③要使用的物品一定要放在要使用的位置上

④用智慧和创意打造空间

收纳家具的变迁

　　每当我想在一个地方放一种收纳家具时，我就会先拿现有的家具放进去试试。我们家有很多能随时移动的家具或道具，比如架子、盒子和抽屉等。如果里面已经放了东西，我会先把里面的东西都拿出来，并让收纳用品在新的地方发挥新的作用。放置好收纳用品后先试试看其与收纳地点的匹配程度如何，比如有的时候可能大小不合适，有的时候可能颜色不合适。如果我发现某个收纳用品放在某个地方正好合适，那么我就会直接使用，并且将里面原来放的东西移动到别的盒子或箱子里。

　　这样做的好处是能够避免增加收纳家具或道具的数量。就算是要补充购买收纳用品，也只有在实践过后才会知道哪些是真正需要购买的。

安装于墙壁的家具	旧道具——木箱	格子置物架

之前的家里是台架上立着放书和配饰，侧面挂着钟等物品。

我把它放在了沙发扶手旁边，用来放置一些想读的书、护手霜和温度计等。

在之前的家里，我把它放在橱柜中用来放置工作文件。

⇩

餐桌旁安装横式柜，用来固定放置文具或杯垫等物品。

搬家之后我把它用来放餐具，通过厨房收纳的不断试错使它可以方便移动。

在现在的家里，我把它用来收纳我儿子的婴幼儿用品等，这样我能坐在沙发上一边喂奶一边拿东西。

⇩

根据用途选用不同的收纳用品。适合一物多用的是四方形且设计简约的收纳用品！

用来装儿子的尿布等物品，我还在箱子的下部装了滑轮。现在也用来放衣服。

⇩

横着放在衣柜上方，开放式收纳上衣。我把固定板之外的其他板子都拆掉了。

第三章

实用收纳技巧

8个实用收纳技巧

　　我把一些实用收纳技巧和收纳时的关键点整理成了8类。我们的目的不是为了使用技巧，而是为了"让衣服更好拿取""让孩子也能轻松收纳"才运用一些小技巧。当你熟练了之后，会发现生活处处是惊喜！

　　注意，不管使用哪种技巧，千万不要把收纳常用物品的区域塞得满满当当。根据使用频率给物品分区，并适当留出空白空间。

超实用的空中收纳

在厨房水槽上方安装一个架子，方便
将清洗好的物品直接挂着晾干。不用
担心滴水的问题，而且挂在空中干得
很快。

我在我丈夫的动线上安装了一个挂钩，并挂了几件他上班时候要穿的衣服。这样能提高他做上班准备的效率，下班回来脱掉的衣服也可以挂在上面。当我想在某个地方放收纳用品时，我通常会选用空中收纳。

挂式收纳

只要一个挂钩,哪里都可以变成收纳。挂式收纳的优点在于可以精准收纳目标物品,与直接放置收纳相比,还方便清扫。

客厅墙壁挂式收纳

我在需要做各种事的餐桌旁边的墙上安装了一个架子。墙面收纳加上挂式收纳可以进一步提高办事效率。

> 包里的物品挂在这里收纳

工作时拿的包和购物时拿的包经常是不一样的,因此为了防止忘记携带物品,我每次回家之后都会把包里的物品全部拿出来放在这里。

> 垃圾筒也挂起来

提到垃圾筒,大家都会想到要放在地上,但是这次我打破了这种传统想法,把一个材质轻盈的盒子挂在了比桌子还要高的位置上。桌子上一有垃圾就能马上扔掉,非常方便。

> 把包包挂起来

我把经常用的包挂在了客厅里我的座位后面。这样我就能一边工作一边伸手去包包里拿东西。

> 把家里的纸巾挂起来

冰箱侧面

纸巾是需要时马上就要拿到手的物品的代表。我想把它挂在常用且随时能拿到的地方。虽然有点高,但只要能挂住就不挑地方。

客厅的墙壁　　　　洗手间的毛巾挂杆

用水的部位要挂晒

住宅里需要用到水的地方可以最大限度地发挥挂式收纳的长处。空中通风好，晾晒物干得快。如果物品不接地，易脏的用水部位的打扫也变得轻松。

浴室

如果直接放置湿润物品，底面不易干，容易滋生细菌。采用空中收纳能保证浴室的干净和整洁。

厨房

厨房中物品种类多，要做的事情也多。物品的易拿取程度直接影响办事效率，在要使用且易拿取的地方毫无干扰地一步就能拿到东西的收纳方法就是"挂式收纳"。

在厕所里面的缝隙中撑一个伸缩杆，进行挂式收纳。可以将马桶刷等挂在此处，防止发霉。

厕所

洗手间

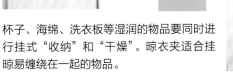
杯子、海绵、洗衣板等湿润的物品要同时进行挂式"收纳"和"干燥"。晾衣夹适合挂晾易缠绕在一起的物品。

创造墙面收纳空间

利用伸缩杆将衣柜内的墙面打造成一个收纳空间，将衣物饰品固定放于此处，打开衣柜门就能拿放，非常方便。

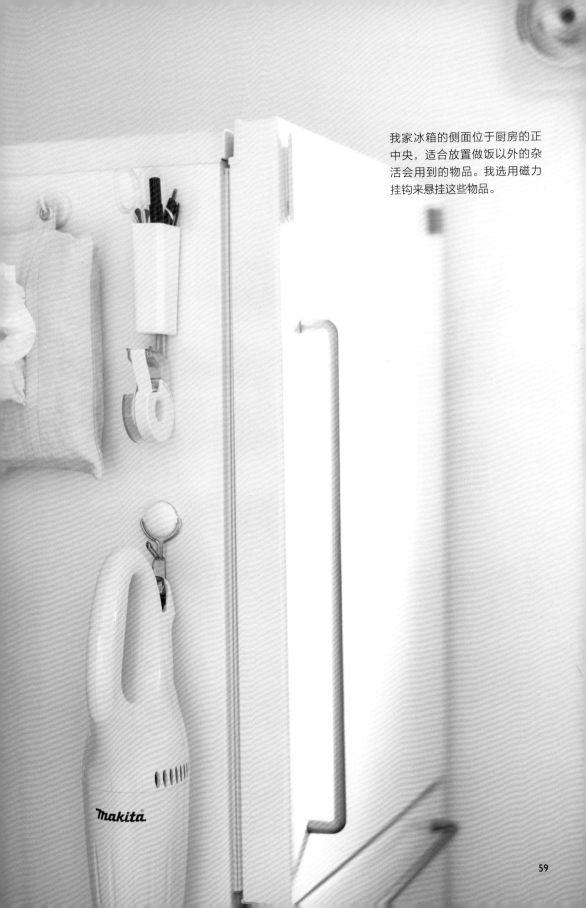

我家冰箱的侧面位于厨房的正中央，适合放置做饭以外的杂活会用到的物品。我选用磁力挂钩来悬挂这些物品。

墙面改造①
尽量不放置家具

只要有墙面，就算不放置家具也能打造出一个收纳空间。利用墙面可以实现在动线上的任意位置收纳想放置的物品。

餐厅的墙壁

我在餐桌附近安装了一个无印良品的"挂壁式家具——箱子"，用来放置在桌子上使用的物品以及零散的小物件。

①我在无印良品的层叠式亚克力盒里放了几块丝绒内箱搁板，用来收纳首饰、指甲刀等物品。②我平时在餐厅办公，因此也把常用的文具放在了亚克力笔筒里。

③杯垫放在了"Kazumi Takigawa"的船形袋里。④夫妻共用的手帕放在了SIWA（纸和）的盒子里。二者的形状比较自由，不用的时候可以折叠起来。

玄关的墙壁

我在玄关侧边的墙上安装了一个无印良品的"挂壁式家具"，用来放置体积较大且不用放在家里的外套或者我丈夫的公文包。

客厅的墙壁

我在小孩子的区域也安装了一个短的横木，用来放置给儿子看的绘本等。侧边安装了一个挂钩，用来放卡片。

用伸缩杆+架子
收纳外出用品

客厅收纳的侧面处于出门时
的动线上，可以收纳防晒霜
等外出时所需物品。

墙壁改造②
万能的伸缩杆

当我想在某个地方收纳物品时，会
首先确认能不能撑伸缩杆。有了伸
缩杆再加上挂钩或架子，这里就变
成了一个无敌收纳区域！不过挂式
收纳可能看起来比较乱，建议大家
选择不起眼的地方。

用4个伸缩杆在衣柜
墙面收纳服饰小物

有衣柜就一定有墙面，它比撑
衣杆离入口近，并能一眼看到
挂在上面的所有物品，因此易
挑、易拿、易放。

柜门的背面其实是收纳宝地

我在厨房烹饪台下方柜门的背面挂了几个挂钩，放置沥水盒。旁边用无痕胶条挂了一个盒子，用来装保鲜盒的盖子。

使用柜门背面可以不用蹲下就能拿物品

门背面经常被大家忽略，但它是"打开之后朝向自己""站着就能拿东西"的绝佳收纳地点。这里可以挂一些不干扰柜子里的物品的物件。

厨房柜子门背面

垃圾袋固定放在这里

在水槽下方的门背面挂垃圾袋，垃圾袋对折中间夹一个纸板，这样就能从上方抽取垃圾袋了。

锅盖也放在这里

锅盖比较重又占地方，容易倒且不稳定，在放置锅的柜子的门背面，用无痕胶条固定一根杆，来收纳锅盖。

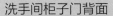

洗手间柜子门背面

右侧门的背面用挂钩挂着篮子，里面收纳三聚氰胺海绵（小怪物型，可以挂住眼睛鼻子，p.57）。左侧门的背面挂着伸缩晾衣架，在要洗的衣服较多或露营时使用。

玄关柜子门背面

可以利用玄关鞋柜门背面挂雨伞以及打扫时使用的簸箕、扫帚等。

63

物品放置地点取决于『物品在哪里使用』

我在儿子的生活区域里固定放置尿布和换洗衣物。木箱安装了滑轮，易于推拉，放置布盒子用来划分空间。

我们家厨房里有CD播放器，所
以我把CD收纳在了厨房水槽下
方的抽屉里。除了厨房，我们
家没有别的地方有理由放CD。

将需要的
东西放在
需要的地方

丢掉"衣服就要放在柜子里""CD就要放在客厅里"的传统观念，我们要关注物品所使用的地点，所使用的地点就是收纳地点。这样不仅使用起来方便，也可以减轻收拾时的负担。

孩子的东西全都放在这里

我之前把孩子的衣服都放在了衣柜里。生活了一段时间后，我注意到"孩子经常在客厅换衣服"，所以我就把孩子衣服收纳在了客厅里，最后放在了收纳尿布的木箱子里。从右往左分别是裤子、袜子—T恤、内裤—睡衣、尿布袋—上面是尿布、下面是纸尿裤。我儿子所有能穿的衣服都在这里。

药箱放在饮水处

药收纳在厨房水槽下面的抽屉里。因为离水很近，所以药拿出来就可以马上吃掉，防止忘记吃药。

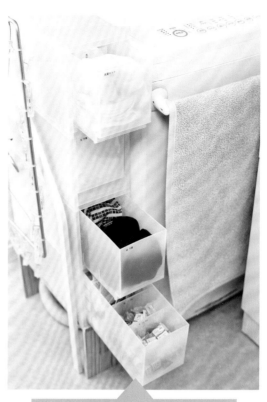

充电器放在
主体附近

我把吸尘器挂在了冰箱侧面，并把吸尘器的充电器收纳在对面的厨房架上。这样就能一边清理吸尘器一边充电了。

控水网也放在
要使用的地方

在水槽下方柜门的上边挂一个挂钩，挂上布袋收纳控水网。这样一步不动也不用弯腰就把控水网放在排水口。

因为在这里换内衣和内裤

很早之前我就决定内衣内裤要放在洗手间（脱衣处）。这是因为我在洗完澡之后换内衣和内裤。此外，在这里使用的洗衣网以及在这里戴的隐形眼镜等都放在这个抽屉里。

在外面使用的物品放在出入口

雨衣、墨镜、手套等在外面穿戴的物品无须带到家里面，要放在出门时能拿到并可穿戴的地方。

孜然

鸡骨

激起使用欲望的收纳

茶以及粉末状调料等要换
装到瓶子里并贴上标签。
这样做比放在包装盒里更
易使用，也更能激起使用
欲望。

蔬菜汁

砂糖

冷泡南非茶

冷泡大麦茶

想使用＝
易使用的收纳

买的东西如果放在不好拿的地方，最后可能会嫌麻烦不用，甚至忘记买了某样东西。只要改变收纳方法就能提高物品的出场频率！

利用"高低"和"前后"

我在厨房的置物架上加了一层浅的搁板。前侧的餐具和小架子上的餐具可以互不干扰地进行拿放。将茶叶和杯子放在前面，可以使泡茶准备更加轻松。

方便拿出
的收纳

我将无印良品的聚丙烯收纳盒叠放，放在燃气灶下方，用来收纳平底锅。因为每个格放一个锅，所以互相不干扰，可以轻松拿出。

互相不遮挡所以方便拿出

体积较大的液体调料

液体调料放在烹饪台正下方，做饭时可以直接拿放。调料上方留出空间，以防干扰调料拿放。调料均放在透明的亚力克收纳盒里防止液体滴落。另外，粉状调料因体积较小，所以放在抽屉里，并放在方便拿取的高度上。

易打扫的收纳

我给这些收纳盒装上了滑轮，放在了厨房置物架的最下层。从右往左分别是可回收垃圾箱、纸类垃圾箱和根菜收纳盒。

不接地、
能移动、
随时能拿到

收纳不仅要重视易打理程度，也要重视"易清扫程度"。尽量不让物品接地，保证地面易打扫。另外，打扫用具要放在随时能拿到的位置，这样能提高打扫的频率。

安装滑轮

安装滑轮后可以轻松推拉。这样一点小小的改动就能让人从心理上觉得"轻松"，减轻打扫时的抗拒情绪。

挂起来

如果物品全部挂起来不与地面接触，可以对地板整体进行打扫。如果地面上东西太多，可能有的时候就懒得去打扫了。

在动线上放置清扫用具

如果在一个固定位置放清扫用具，那么每次进行打扫时都要过去拿工具，费时费力。不如尝试将清扫用具放在易脏的地方。比如，用来擦厨房的抹布就放在厨房置物架上，用来打扫儿童区域的滚轮就放在其附近。

无须移动的收纳

人在拿东西的时候最舒服的姿势是"保持原来姿势不变"。最理想的情况是如果你正站着做某件事情，那就是站着能拿到东西，如果是坐着，那就是坐着能拿到东西。

我把人站在洗衣机前一步也不用动就能完成洗衣服所需作业的物品放在了洗衣机上方的悬挂架上。

　　我平时在餐桌上办公，文具放在挂壁式柜子里，坐着就可以拿到，垃圾直接扔到挂在柜子旁边的垃圾筐里。这样就不用站起来，而一直集中精力工作。

　　比如，如果不用挂壁式而是用落地式的柜子，若想要拿最下面一层的东西就要从座位上站起来再蹲下去。最理想的情况是保持原本的姿势就能拿到东西的"驾驶舱"式收纳。

活用抽屉

擦嘴毛巾
吸管 零食

我把经常在厨房使用的细长物品放
在了无印良品的抽屉里。根据放置
物品和放置量而将不同形状的抽屉
组合在一起。

提高抽屉的
使用频率

抽屉的好处是：能使用内侧；能从上方看到收纳物；能划分空间并能叠放；可以按整个抽屉分组。

能从上方俯瞰抽屉内收纳的物品

抽屉的一个特点是可以把放在内侧的东西拉到眼前，并能从上向下俯瞰收纳的所有物品。保证抽屉放在能从上向下看的高度，并给一眼看不出是什么东西的物品贴上标签。

①刀叉。用小盒子进行分隔，从右到左分别是"便当用品""不锈钢勺子和叉子""木质的筷子和勺子"。前侧是"小勺子和叉子"，内侧是"汤匙和小盘子（代替塞子）。"②小盘子、牛奶壶。③汤勺或量杯等立起来放可能会碍事或空间不够的工具。

在水槽下方放置抽屉

水槽下方的空间很大，可以将其划分成几个小空间进行收纳。像碗具等有一定高度的物品可以放在架子上，但是小东西我推荐大家放在抽屉里，这样可以充分利用抽屉内的空间。

如何收纳已经不使用或将来要使用的儿童物品

我用布巾把Ergobaby的新生儿专用内胆、我儿子婴儿时期喜欢的绘本等包在了一起，并贴上了"婴儿用品"的标签，方便下一个孩子出生的时候打开就能直接用。

经常听到有人说"有了孩子之后东西会越来越多"，我在客户家里也总能看到这种情况。当我自己有了孩子之后发现家里的东西确实是越来越多。一个小孩的东西就可以分成"现在用的""不用的或穿不下的"和"接下来要穿的"。

现在用的东西放在收纳宝地，除此之外则全部收起来。为了避免以后找不到东西乱翻，此时最重要的是做好分组（尺寸、种类、季节等）以及贴标签（保证要知道什么时候打开）。

小孩子的变化很快，经常需要增减物品。就算很麻烦，我们也要花时间把物品全部重新整理一遍。

穿不了的衣服

我把不用的以及穿不了的服装和小物件放在了带把手的布盒子里，并放在了柜子的最上层。中间用网格袋和拉链袋按种类和尺寸进行了分类，并对每个袋子都贴上了标签，这样找东西的时候就不用逐个打开袋子了。

以后要穿的衣服

步入式衣帽间中有一个抽屉，我把"接下来要穿的衣服"放在了其中的一格里。网格袋里装着我小侄子穿过的衣服和下一季要穿的稍大一点的衣服，并且我还把下一季可能会穿的过季衣服装进了里面。

第四章

实时转播大家
的收纳现场

我们在三个家庭
实践了本书所述
的收纳方法。结
合各个家庭的实
际情况，从零开
始为他们解决收
纳问题！

整理收纳的4个基本步骤

大家可以下定决心给家里来个"大扫除"，完成之后会特别舒畅！

① 全部取出

先把所有物品从收纳位置拿出来。如果"衣服""书籍"等物品分别放在多处，则将其全都拿出。房屋住得越久，堆积的物品也就越多，有些东西10年前你可能觉得必不可少，但是重新拿出来整理一下可能会发现再也不需要了。

② 分类

比如衣服可以按照"毛衫""裙子"等来分类，掌握每样物品大概有多少。简单分类后可以先做个标签记录一下。然后根据平时的使用频率进行进一步分类，不要的就处理掉。做完这些就会感觉很舒畅。

把所有物品从收纳位置拿出来之后，就可以对各个收纳位置进行逐一分析。比如可以分析一下哪里最方便拿放，柜子的长、宽、高分别是多少，自己平时的行动模式以及如何根据日常行为来放置物品等。忘掉从前的收纳方式，一切从零开始。

本多沙织的
how to咨询

我到了委托人家里做的第一件事就是询问一些例如"您早上起来做的第一件事是什么""需要解决什么问题""想要做出怎样的改变"之类的问题。对方越是无法做出准确回答，就越要刨根问底。大家在自己实践的时候，也请明确地列出自己的日常行动模式、烦恼以及预期等。生活中一点小小的改变，比如为了拿笔而走的步数从10步变为3步，也会使自己感到轻松很多。不要让自己去适应收纳，而是让收纳适应你的生活。

④ 将收纳与物
品相匹配

之所以会觉得之前的收纳方式不舒服，是因为收纳位置和收纳物品没有完全匹配。在"②分类"的物品中，把最常使用的物品放在最容易拿取的位置。如果收纳空间不足以放下所有物品，那么可以尝试用抽屉、挂钩或挂式收纳等一边尝试一边组装。

激发做饭欲望的厨房收纳

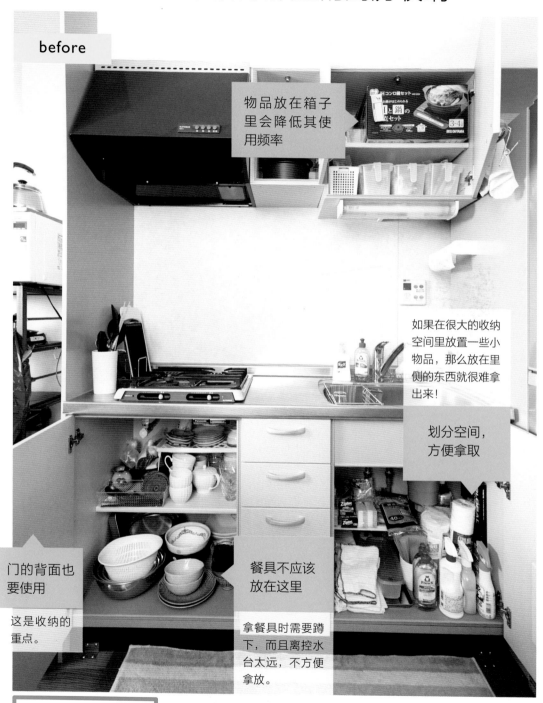

before

物品放在箱子里会降低其使用频率

如果在很大的收纳空间里放置一些小物品，那么放在里侧的东西就很难拿出来！

划分空间，方便拿取

门的背面也要使用

这是收纳的重点。

餐具不应该放在这里

拿餐具时需要蹲下，而且离控水台太远，不方便拿放。

K女士的烦恼

搬完家之后就把东西一股脑地塞进去了。东西不好拿放，做饭和收拾的时候经常感到很烦恼，也提不起做饭的兴趣。

after

上层使用带把手的收纳用品

最上层的抽屉是最佳收纳位置

有一定深度的收纳空间可以使用抽屉

改善收纳后的反映

让我非常感动的是从做完饭到开饭之前短短的时间就能把用过的东西整理好，吃完饭也能很快收拾完。因为物品摆放位置简单清楚，我丈夫也开始经常来厨房帮忙了！在体验了厨房之后，我现在也开始考虑改善衣服的收纳了。

希望可以夫妻二人一起做饭

"虽然表面上看着很干净，但是柜子里还是乱糟糟的，用起来很不方便。而且还搞不懂一些收纳用品的使用方法……"，K女士表示了自己对收纳的烦恼。从健康的角度出发，她希望增加自己做饭的次数，但工作太忙了，做饭时间不能太长，最好是有机会可以和丈夫一起做饭。

因为厨房空间很小，所以需要尽量站在一个地方就能进行各种操作。

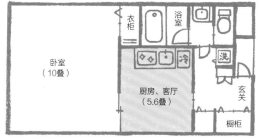

K家户型图 一室一厅

K女士夫妇

他们是刚搬进新家不到半年的新婚夫妇。俩人都是上班族，经常忙到没时间在家里吃饭。"希望我们家的厨房能改造成一个即使回家很晚也能燃起做饭欲望的空间！"

Step  全部取出

将厨房的吊柜、水池下面以及厨房侧面柜子里的东西全部拿出来。由于是新婚夫妇，物品数量还不算多，餐具的数量相对较多，之后应该还会增加。

Step ② 分类

一边拿物品一边进行粗略分类，之后"工具"按照使用频率、"消耗品"按照种类和备用品进行分类。分类之后再按照"使用频率高"对应"最佳收纳位置"的原则将物品与收纳地点合理匹配。

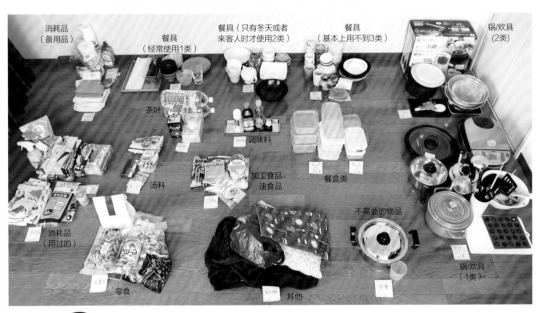

消耗品（备用品）
餐具（经常使用1类）
餐具（只有冬天或者来客人时才使用2类）
餐具（基本上用不到3类）
锅/炊具（2类）
茶叶
调味料
汤料
加工食品、速食品
餐盒类
不需要的物品
锅/炊具（1类）
消耗品（用过的）
零食
其他

Step ③ 分析收纳空间

家具自带的抽屉有"已划分空间""有一定深度"的双重优点。但是对于不带抽屉的家具，就必须要考虑如何合理利用内部空间的问题。然而使用抽屉进行收纳也有拿取不方便的缺点，所以比较适合放置备用品等不太常用的2类物品。

要合理利用柜门背面的空间！

可以把收纳用品放进去实际感受一下。

不便于拿取的2、3类物品放置区

收纳宝地

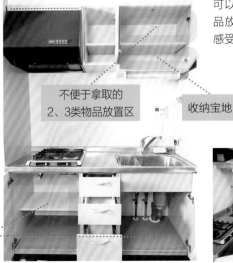

有一定深度的收纳区

最上层的抽屉是最佳收纳位置！在这里放置经常使用的物品。

Step ④ 与收纳相匹配

before | 抽屉

after

K女士应该是觉得这里适合放置四四方方的物品，所以放了一些保鲜膜和铝箔纸等物品。但是，这里恰恰是最佳收纳位置。改造后我把每天都要用的刀具和杯子放在了这里。其实抽屉往往比我们想象得要深。

上层　最佳收纳位置
放置1类物品

餐盒原本被分开放置在中层和下层抽屉里，这样收纳时会让人感到混乱。最理想的收纳方式是将同类物品放置在同一抽屉里。餐盒占据空间大且数量较多很难收纳在一层抽屉里，所以我把这里改造为收纳保鲜膜和保鲜袋的位置，并且为了方便起见，还在收纳保鲜袋的盒子上方开了个口，一打开抽屉就可以直接抽取。

中层　同类物品对应
同一抽屉

这个抽屉最深，所以和改造之前一样，我选择把一些比较高的瓶装物品放置在这里。此外，我还把一些有保质期的加工食品摆放在这里，这样从上方可以一眼看到保质期限，以免过期。使用文件盒和隔板可以按种类收纳物品，同时还能起到防止倾倒的作用。

下层　将比较高的物
品立起收纳

before	吊柜1	after

食材如果不放在表面则很容易忘记。

茶叶类都放在这里。

一步不动即可自由拿放

把容易忘记的食材放置在能看见的下方的抽屉里。取而代之在这里放置之前要蹲下才可以拿到的1类餐具。收拾的时候不用弯腰下蹲，只需要动动手即可。最上层放上茶叶类和从包装箱里拿出来的电子锅。K女士对于这样的改造不禁感叹道："一步不动就能泡茶！"

餐具尽量不要叠放

合理利用倒U字形的餐具架，避免餐具的叠放。1类餐具互不重叠，可以轻松拿放，阶梯状摆放可以方便拿到放在后侧的物品。浅盘子放在最上面一层。

before	吊柜2	after

位置很好却放置了不常用的东西。

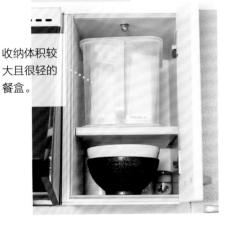

收纳体积较大且很轻的餐盒。

活用吊柜

下层正好在1类餐具旁边，用来放置使用频率较低的榨汁机显然是大材小用。改造后我把剩下的2类餐具大碗等放在了这里（里面还放了一些3类餐具）。上层放了一个带把手的收纳盒，里面存放一些不常使用的大餐盒。这样既不会太乱，收纳起来也很方便。

before　灶台下方收纳

蹲下来才能拿到这些日常使用的物品。

after

放置汤锅、平底锅等较重的物品。

物品要放在用到它的位置

这里空间很大，不好好利用的话很浪费！这里适合放一些大件物品，因为是灶台的下方，所以用来放锅是最佳选择。注意合理摆放，以便于拿取。这里为了节省空间，我把平底锅立起放进盒子里收纳。

防止平底锅滚落的小技巧

我在盒子的前下侧安装了一个吸盘，用来防止平底锅滚落。因为K女士是左撇子，所以将其安装在了左侧。

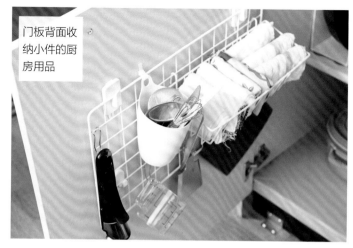

门板背面收纳小件的厨房用品

网架和挂钩组合使用

用4个挂钩将小商品店买的网架固定于此处。为了防止以后揭掉挂钩时在门板上留下痕迹，我特意使用了无痕胶来粘贴。

柜子的门板背面面积大，很值得利用！这里不用下蹲也可以够得到，从位置上来讲优于下层抽屉。我在这里收纳了一些2类工具和抹布等小件物品（1类工具直接放在了灶台旁边最显眼的位置）。

before 水槽下方收纳

如果直接放置则看上去很乱，不知道到底都有些什么。

after

放入抽屉之后，还能增加一层收纳空间。

抽屉内简单放置一些物品。

若收纳空间有一定深度则对空间进行划分

对于这种比较大的收纳空间来说，划分空间至关重要。为了不用下蹲就能拿到东西，可以放置一个抽屉，在抽屉上可以放一些常用的盆和餐盒等。抽屉里面放置消耗品的备用品（左）、客人用的纸杯和杯垫（右）。

随用随拿的位置

在排水口附近的柜子门板背面安装挂钩，用来挂过滤网，包装袋打开以便于抽取。

before 家电架

after

做饭时必备的操作台

记得把最上层空出来，方便在做饭时使用。因为厨房整体空间小，所以这块空间更加重要。

面包和零食等要有固定位置

这是放在灶台旁边的家电架。因为已经把锅和水壶等转移到了灶台下方，这里就有了多余的空间用来放置经常被我们随手放在灶台旁边的面包。下层还可以放一个篮子装零食等。

CASE 2 改变衣物收纳
实现快速换装的衣物收纳法

A · T女士

T女士说："我很喜欢时尚的衣服，虽然平时也在收纳，但总是有整理不完的衣服。"家里有7顶心爱的草帽一直不知道该摆放在哪里。她现在和丈夫、3个孩子（9岁，6岁，几个月大）住在一起。

每天早上都要快速奔走在走廊里

T女士是一位一边工作一边照顾着3个孩子的妈妈。早上5点起床准备早饭，之后为了考资格证学习，7点开始来回奔走换衣服。这是因为自己的衣服分散地放在三个房间里。

她很喜欢买衣服，所以家里的衣服越来越多，甚至有很多同款。每天穿的总是放在抽屉最上方的那几件，还有很多"减肥成功后再穿"的衣服。

每天都在想"那件衣服放哪儿了来着"，然后来回奔跑。

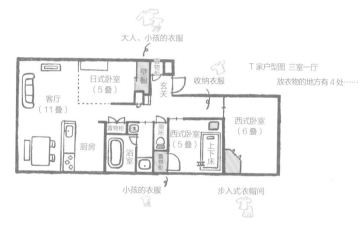

大人、小孩的衣服

日式卧室（5叠）　壁橱　玄关　收纳衣服　T家户型图 三室一厅 放衣物的地方有4处……

客厅（11叠）

置物柜　厨房　浴室　厕所　西式卧室（5叠）　上下床　西式卧室（6叠）

小孩的衣服　步入式衣帽间

曾分散在3个房间的

衣物收纳
before　after

Step ① 全部取出

如果衣服挂在衣架上，则将其从衣架上取下来，还有一些过季的衣服和放在其他房间的衣服也都全部取出。看到这么多衣服，T女士感叹道："原来我有这么多衣服啊……真是浪费钱。"听说她在这次整理衣物后3个月都没有买新衣服。

Step ② 分类

分类过程中发现好多不需要的家居服。

快速挑出了需要扔掉的衣物！几乎一半衣物都需要扔掉。

Step ③ 分析收纳空间

T女士的想法是把衣物收纳在离生活空间较近的日式卧室里。但实际上孩子们住在这个房间里，而且她希望把衣服"尽量都挂起来收纳"，这是无法实现的。所以我们选择了第二近的西式卧室作为衣物收纳间。

before

西式卧室衣物收纳盒

包和帽子等杂乱地堆放在上面。

抽屉太深了，很难看到里面装有什么衣物。

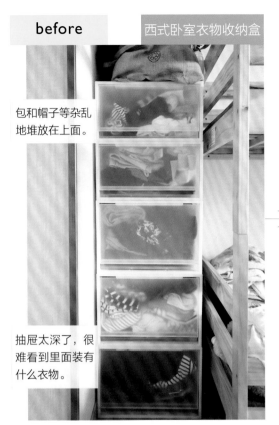

after

上层放置布艺收纳箱，用来收纳家居服等。

上衣、裤子分开放置于不同抽屉。

换成较浅的抽屉便于整理

改造使用的是无印良品的大号抽屉，但是这个型号的抽屉对于收纳女性衣物来说有点过大了。合理利用小号抽屉，并将衣物竖着摆放便可以一眼看到所有收纳物。由于扔掉了许多不用的衣物，整体收纳也变得更加紧凑。

before

便于拿取的折叠方法

之前的堆叠式收纳法会使放在下面的衣服难以取出。改造后的收纳实现了单纯的"存放式"到"收放自由式"的大转变。

after

柜子的高度变低，所以可以在最上面放一些布艺收纳盒放置工作装。每天早上可以直接从这里拿出来放到包里。内侧放置家居服，这些衣服每天都会换洗，所以放在外面不会积灰。

由于柜子整体变轻巧，我们在底部安装了几个滑轮，便于大扫除时随意移动。

有了收纳帽子的
空间。

分为上下两层，高度
上有局限性，使用起
来很不方便。

尽量不要把东西直
接放在地板上。

这个柜子之前用来收纳背包和孩子的过季衣物等。改造时把前
面堆积的物品移动到别的地方来确保动线，并专门用来收纳妈
妈的过季衣物。现在降低了上层衣杆的高度，并安装了一个架
子，用来收纳帽子。面对改造后的衣柜，T女士评价道："很开
心这些帽子终于有了安身之处，我会更加珍惜我的衣服。"

让收纳看起来整洁的小技巧
这里全部使用无印良品的铝制衣架。衣
架与衣物的肩部贴合且厚度适中，找衣
服时更加方便。

简单实用的收纳
运动装和背包可以放在布收纳盒中，并放置于衣帽
间下层可移动的架子上。为了方便打扫，不要在最
差的收纳位置且是最容易积灰的地板上放东西。

在墙上安装临时挂衣服的架子
利用横木+挂钩的组合，让之前脱下
来随意乱扔的衣服也有了归宿。

before **卧室的步入式衣帽间** after

容易堆放很多东西。

每个人拥有自己专属的衣杆。

地上堆满了体积较大的冬季用品。

放置抽屉让地面变整洁。

利用抽屉制造更多收纳空间

之前卧室的步入式衣帽间里放着夫妻二人的衣服和过季的冬季用品。因为地上已经没有了落脚点,所以有的衣服直接就挂在了门上。改造后右侧的衣杆专门用来挂妈妈的过季衣物,左侧为爸爸专用。下方放置抽屉用来存放过季的物品。

包和帽子用挂钩收纳更为方便

在衣帽间左侧墙面安装挂钩,用来挂爸爸的公文包和帽子。

before

羽绒服被直接装在了袋子里,非常占空间。

after

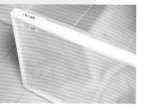

利用压缩袋将被子压缩成一小团,竖着收纳在家具的夹缝里。冬天用的床垫则收纳在较深的抽屉里。

before

分不清哪些是将来要穿的哪些是过季的衣物。

下层收纳盒中还放有大人的衣物和杂货。

after

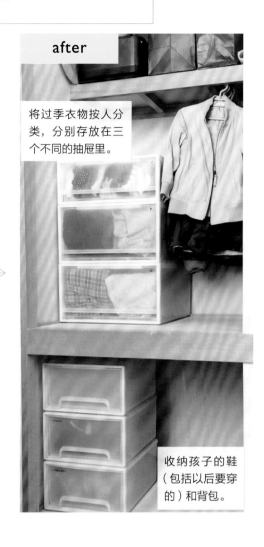

将过季衣物按人分类，分别存放在三个不同的抽屉里。

收纳孩子的鞋（包括以后要穿的）和背包。

可以对物品进行管理的收纳

客厅旁边的日式卧室的柜子里放着孩子们"现在不穿"的衣服。9岁大儿子、6岁女儿和几个月大的小女儿的"将来要穿"和"过季"衣物全部杂乱无章地存放在这里，完全分不清哪些是什么衣服。将这些衣物一一拿出来，并再次分类、收纳后，可以对衣服的存放位置进行管理。就算天气突然变冷也不至于手忙脚乱。

要考虑孩子的动线

该收纳柜的右侧摆放着大儿子的书柜，这样摆放容易让他记住"柜子上方右侧是我的位置"。

after

大儿子的足球服按短袖、长袖分开存放。

Step ① 全部取出

孩子的衣物收纳中总会遇到"还没穿就过季""想给孩子穿但是找不到在哪里"之类的问题。孩子的衣服有的是别人给的，有的是买的，而且小孩身体长得也很快，为了解决这些收纳中会遇到的难题，必须使收纳简单明了。

请把西式卧室里的衣服全拿过来。（本多）

这些别人给的旧衣服从拿回来就没动过~（T女士）

壁橱变空！

Step ② 分类

几个月大的二女儿身体成长飞快，她跟6岁大女儿的年龄差比较大，所以大女儿的旧衣服还是会先送给别人家孩子穿。太复杂了！

给二女儿穿的旧衣服（将来要穿）

大儿子旧衣服

大儿子过季衣服

大女儿过季衣服

二女儿现在穿的衣服

大女儿和二女儿的旧衣服

正式场合穿的衣服

找一张纸，按照"性别/人""大小""季节"等信息分类整理。

准备送人的衣服直接装进纸箱子里。

Step ③ 分析收纳并匹配

我推荐大家用竖着摆放的方式把旧衣服装进抽屉里。衣服会因为重力自然下垂,比起堆叠式存放更能充分利用空间。重点是衣服折叠的大小要和抽屉高度对应,而且衣领要向上摆放。

一目了然的收纳

所有衣服的高度都是一样的,从上面看下去一目了然。堆叠式存放注重存放数量,适合用来保管和保存,而这种方法更适用于存放经常穿的衣物。

外套采用挂式收纳

在处理掉旧衣服之后节约下来的空间里,利用伸缩杆把外套类衣物挂起来收纳。每个孩子的衣物用不同颜色的衣架进行悬挂,这样从整体来看更加清晰。

用特殊的贴纸做标记

收纳过季衣服的抽屉上可以贴一些个性贴纸来区分不同孩子的衣物。

after

柜子内还有很多空白空间,有利于通风和平时的打扫。

孩子玩耍区兼办公区的客厅收纳

过于日常的烦恼，反而会让我们说不出烦恼的源头

事情发生在撰写此书过程中的一次讨论中。作家Y女士提议道："与其在会议室干巴巴地讨论，不如直接实地访问更能发现问题。"于是本多和编辑们便一起去了Y女士的家中实地考察收纳情况。到了那之后，我们发现她把常用的口罩放在很高的地方，而且一开门就会有莫名其妙的东西掉下来。

更让我们感到惊讶的是Y女士无意间说的一句话，"一直都是这样"。我们问她生活中有没有感到不方便的地方，她回答说："总觉得哪里有点不对劲。"面对这种莫名的烦躁，我们决定从"放孩子物品的架子""壁橱""客厅墙面收纳""走廊收纳"四个方面入手。

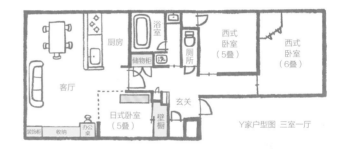

Y家户型图 三室一厅

F·Y女士

Y女士是一位自由撰稿人，同时也负责本书相关事宜，家中有三个孩子。当初只是为了激发创造灵感提议在自家进行创作讨论，没想到竟然成了被刊载在书中的对象之一。讨论中我们提议："那现在就开始整理改造吧"，她表示非常惊讶："这么突然吗？"

竟然自己都没感觉到哪里不对劲……

before	儿童区	after

不收拾=玩起来不舒服

"虽然做了很多努力，但是孩子们总是不帮我打扫。"东西太多，小孩子玩的时候总是翻得乱七八糟，这不仅给打扫提高了难度，孩子们玩起来也会感觉不舒服。柜子上面多加的几层收纳不仅会看起来有压迫感，而且还可能掉下来，十分危险。东西放得太高，小孩子拿不到还要麻烦妈妈来拿。

Step ① 全部取出

把架子上的所有玩具和绘本都拿出来。

Step ② 分类

姐妹三人的东西分开摆放，再按照"经常玩""偶尔玩""不需要"进行分类。

让孩子们举手挑选想要留下的东西。

定期整理玩具

这些是需要扔掉的玩具。就算每次没有多少需要扔掉的玩具，但也不能把其他还有用的玩具强制扔掉，重要的是定期处理。一个玩具玩半年左右孩子就会失去兴趣，这时候就可以扔掉了。

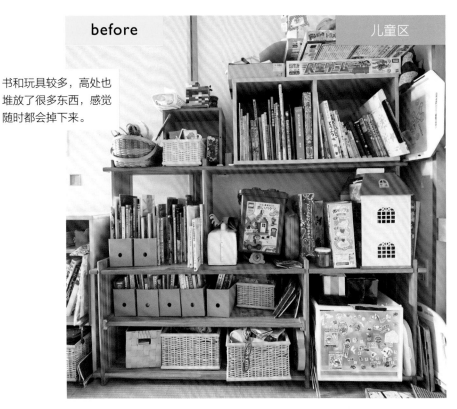

before 儿童区

书和玩具较多，高处也堆放了很多东西，感觉随时都会掉下来。

将数量减少到原来的一半

为了所谓的"收纳"而把东西堆得满满当当反而会带来拿取不便的烦恼。改造后摆放在这里的东西只保留原来一半的量，剩下的先保存到其他看不到的地方。架子上面的盒子也全都撤掉，由于左侧摆放的架子会挡住视线，所以把它移动到了对面。

after

玩具和书的数量大大减少，看起来空荡了很多。

让孩子自觉摆回原位

从一堆绘本中，让孩子选出现在最想读的10本摆放在这里。用双面胶固定在书挡上来区分每个孩子的区域，并贴上各自的名字。剩下的书移动到了走廊的收纳柜中。左侧用来存放从图书馆借来的书。

"这些都是我自己选的最喜欢的书！"

这里留下的都是孩子们最喜欢的书，三岁孩子看完后也能自觉地放回原位。

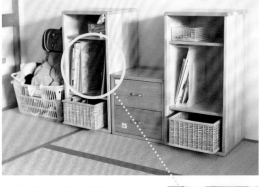

阶梯状摆放更加方便收拾

下层搁板只保留后半部分，形成阶梯状。这样收拾物品的时候就不需要来回抽拉最下面的箱子。这种摆设对提高孩子自主收拾房间能力也有帮助。

玩具类全部放到一个箱子里

最右侧的格子原来是个抽屉，改造后放了一个布收纳箱，玩具全部放到里面。

收纳学校相关用品

将原来会阻挡进门动线的架子移动到了玩具架对面。并将原来摆放的图鉴系列也移动到了走廊的收纳柜里。

大型书用文件盒收纳

用文件盒收纳教科书和笔记本等大型书，不仅整洁，还可以防止倾倒。

比之前更加方便玩耍

动线变得顺畅，架子也比原来更方便使用。孩子们也愿意花更多的时间在这里玩耍。玩具、房间和孩子都变得比原来更加有活力！

before 壁橱

孩子和大人的东西杂乱地堆放在一起。

after

下层专门用来放置孩子的东西。

收纳的基本原则——简洁明了

"壁橱"和"走廊收纳"（参考p.106）总是乱糟糟的，不知道放了些什么东西。每次找东西都得先翻个底朝天才行。为了方便寻找，我们把织物类（被子、毯子、垫子、被罩类）全部存放在壁橱里，应季物品放在右上方。下层放置2类玩具。"终于看起来舒服了一点！"

通过分类可以迅速找到不需要的东西

将最占地方的被子和被罩类整理分类后，可以客观地找出哪些是不需要的东西。

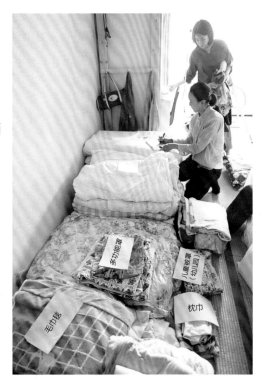

这些是"不想再放回去"的东西，全部一次性扔掉。

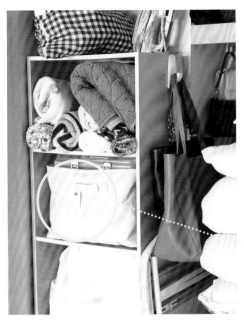

不想被固定思维限制了收纳自由

之前下层一直放着缝纫用品。Y女士执意认为："这个位置适合做针线活，所以是放置缝纫用品的最佳位置。"后来在我们的说服下，她才同意把这里改成放置孩子物品的位置。改造后她非常开心地表示："比原来好拿多了。不仅不需要蹲下来，还可以把东西拿到更明亮的地方做针线活（角落位置很阴暗）。"改造的过程中最大的绊脚石就是自己的"固定思维"。

毛毯收纳

毛毯可以卷起来放在高处，堆叠起来存放可以防止松散开。

玩具也可以分优先顺序

玩具架上摆的东西减少为原来的一半，剩下的一半都放在了壁橱的最下方。这些都是"偶尔会玩"的玩具，把它们在这里摆成一列，想玩的时候随时都可以拿出来。虽说是些不常玩的玩具，但是改变位置后比原来更容易拿到，玩到的机会也因此增多。"孩子们看起来也很开心……孩子们之前还真有点儿可怜（哭）"。

不好存放的东西放在抽屉里比较方便

孩子的包、积木和过家家用的道具放在这里，不仅好拿，而且看上去清晰明了。

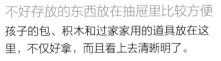

客厅&办公区

墙面储物架摆满了纸质资料。

办公区也摆满了书籍和资料。

太过注重容量的收纳难以进行物品管理
墙面储物架设计得过大会让人不自觉得放一堆东西进去,这就导致了工作区域陷入被一堆东西埋没的压迫感中。

客厅里唯一的装饰架上摆满了家庭照片。

装饰架

摆放的东西过多
照片摆在这么窄小的空间里,反而会失去观赏的意义。照片与照片之间也没有空隙,难清扫,容易积灰。

电视柜的抽屉

摆放杂乱,使用起来很不舒服
DVD的硬件和软件放在不同的位置,用起来很不方便!坏掉的游戏机的游戏卡也都堆在这里。

电视上方的储物架

这里摆着各种各样的东西
这个高度和位置很容易让人随手就把东西扔到这里,东西越堆越多。

after

将纸质资料分类，并扔掉无用的物品，看起来宽敞明亮很多。

注重动线，营造舒适的工作环境。

重视生活舒适度和办公舒适度

把生活和办公时不必要的物品移走，只留下对生活和办公有帮助的物品。

精选合适的照片摆放。

装饰架

开放式收纳尽量留白

减少照片的数量，制造一些空白，并添加一点绿色。展示柜最重要的就是简洁。这里清扫的频率也是别的位置的4倍左右。

添加收纳用品，增加整洁感

放两个小篮子（指甲刀/照相机），并仅用来临时放置资料。不常用的电脑收起来放在柜子里。电源线固定在墙上，防止找不到。

电视柜的抽屉

电视上方的储物架

软件类和硬件类放在一起

一些不知道该放哪里的护理用具等可以放在这里。刚好可以在这里给孩子吹头发。

before

现在用的和过去的资料书籍堆在一起，杂乱无章。

乱糟糟的书籍侵占了办公区，影响对工作的身心投入。

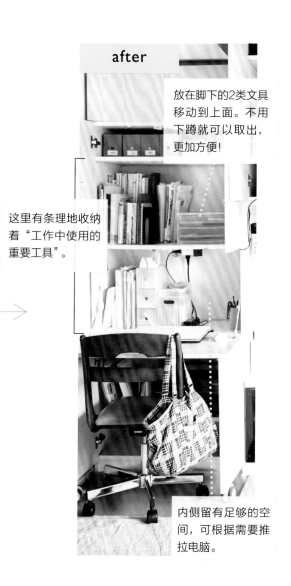

after

放在脚下的2类文具移动到上面。不用下蹲就可以取出，更加方便！

这里有条理地收纳着"工作中使用的重要工具"。

内侧留有足够的空间，可根据需要推拉电脑。

before

资料数量不断增加，容易散落，最后什么都找不到。最不可思议的是面对这样的环境她竟然能不受影响地正常工作……

after

充分利用上层储物架，让办公区变得更加宽敞。只放置现在必需的资料，整体看起来有更多空闲空间。

文具类要保证方便取出

1类文具放在抽屉里，更常用的超级1类放在托盘里。这次改造后，为了使用方便，又把它的位置调整到了右侧。

备用文具类　　书类　　贺年卡

工具分类整理

使用频率较低的物品分别放在不同收纳箱里。这次改造过后没多久发现左侧的"备用文具类"的使用频率很高，便把它的存放位置改到下侧抽屉里了。不同工具放在不同收纳盒里收纳，这样移动的时候也很方便。

小件物品放在小型抽屉里收纳

无印良品的小型抽屉分三层摆放，分别收纳计算器、名片等小件物品。既节省空间，又整洁有条理。

标签贴在侧面

文件夹的标签记得贴在侧面，这样在收纳时看起来更加清晰。

容易忘记的东西要用特别的方式保存

ID和密码等可以放在文件夹里并贴在柜门的背面。

之前要蹲到桌子下面才能拿到"备用文具"和"存折"，我们将其移动到了最上层，拿取比原来方便了很多。原来一直觉得浅的抽屉就要放在低矮的空间内，看来也并不是很方便。

before 走廊里的内置收纳柜　　　　**after**

书籍和杂货杂乱
地堆在一起。

相册放在随手可
拿到的位置。

在吊篮固定放置
胶带类。

这个柜门打开后会挡住客厅的
门。关上柜子门便看不到里面
的东西，也是造成乱堆东西的
原因。

一鼓作气把柜子门拆下来

上半部分层用作书架，而下面的东西也堆得满满
当当。我们决定把门拆下来改造成开放式储物
柜，下层用来放置孩子的绘本（这个高度对孩子
来说很适合拿取）。地板上放置一个带有滚轮的简
易储物架，上面放着30kg大米。

书籍阶梯状摆放，使内侧的书籍也一目了然

这个柜子的深度和壁橱差不多，内部设置有可前后移动的架
子。利用移动架子，并配合书籍本身高度实现阶梯状摆放。

喜欢看相册

给每人设置一个保存私有物的箱子

给每个人都分别设置一个单独的箱子，平时画
的画可以直接放进去。另外，之前摆放在最上
层的相册移动到了孩子也可以拿到的最下层，
方便孩子随时取出。

装饰孩子的画作

小商品店可以买到各种尺寸的盒子和文件夹。可以在门上或墙上贴上孩子的画作。

孩子画作的装饰方法

虽然想把孩子的画作挂起来做装饰,但是3个孩子的画都装饰起来显得有点乱。我把它们装在透明袋里并贴在彩色卡纸上,营造出整体的统一感和特别感。装饰位置还特意选择了只有坐在沙发上才能看到的顶梁上。

after

在家里享受工作和与孩子和谐相处的收纳

"工作结束后可以一下子将办公桌收拾干净!我已经再也不想回到那种旁边摆放着一堆资料的日子了。孩子的玩具也可以快速收拾干净,这样的改造真是太令人舒适了!"

最强帮手"无痕胶"

挂式收纳中不可或缺的道具便是"挂钩"。那么在没有杆或伸缩杆的地方如何设置挂钩呢？这时候就要来介绍一下我们的必杀器"无痕胶"。

"无痕胶挂钩"是"无痕胶"的衍生产品。它最大的优点就是揭掉时不会留下任何痕迹。对于住在租赁房的人来说最合适不过了。它还有一个优点体现在我们不小心粘错位置时，可以取下来再换新的地方重新粘贴。不怕贴错位置，可以反复尝试。

可能还有一些其他的不留痕胶，但是我个人最爱的还是"无痕胶"。一直以来都在用，最让我放心的一点是它超长的持久度。它的"承重量"和"挂钩长度"的种类多样，还可以根据实际情况搭配选择"白色""透明"和一些简洁的色彩。

虽然曾经尝试过很多做法，但是挂式收纳的物品一般都不会太重，承重1.3kg左右的挂钩就足够了。平时随身携带一些挂钩，可以在想到收纳的好点子时马上实际运用，像我这种收纳狂魔平时都是买"实惠8只装"。

我还有很多不带挂钩的"无痕胶贴"，可以用来把箱子贴在墙上或者是门后面。可以用来在水槽下面收纳餐盒盖、贴横杆收纳锅盖等。非常适用于收纳一些不方便挂起来的物品。

说这么多听起来好像我是推销无痕胶的一样，但是无痕胶真的是我们日常生活中的好帮手！

3M无痕系列

总结
让生活舒适的收纳3原则

1　**简洁明了，"拿取是否自由"**

抛弃"有规则的收纳""餐具就要放在餐具柜里""同种类的东西要放在一起"之类的传统观念，将如何收纳更加舒适放在首位。

2　**以"现在"的生活为基准**

人的兴趣会改变，孩子会成长，人的生活方式时刻都在变化。一直保持过去的收纳方式难免会感到不舒服。感到不舒服的时候不要犹豫，赶快动手改造吧！

3　**不要把物品堆得太满**

无论怎么在收纳上下功夫，堆得太满都会带来拿取不便的烦恼。记住，要扔掉不需要的物品，只保留必要的物品。不仅要学会扔掉不用的物品，买新物品的时候也要再三考虑。

图书在版编目（CIP）数据

彻底收纳 /（日）本多沙织著；侯月译. —北京：中国
轻工业出版社，2020.12
ISBN 978-7-5184-2785-7

Ⅰ.①彻… Ⅱ.①本… ②侯… Ⅲ.①家庭生活—基本
知识 Ⅳ.① TS976.3

中国版本图书馆 CIP 数据核字（2019）第 264744 号

责任编辑：陈 萍　　责任终审：劳国强　　整体设计：锋尚设计
策划编辑：陈 萍　　责任校对：晋 洁　　责任监印：张 可

出版发行：中国轻工业出版社（北京东长安街6号，邮编：100740）
印　　刷：北京博海升彩色印刷有限公司
经　　销：各地新华书店
版　　次：2020年12月第1版第1次印刷
开　　本：710×1000　1/16　印张：7
字　　数：220千字
书　　号：ISBN 978-7-5184-2785-7　定价：49.80元
邮购电话：010-65241695
发行电话：010-85119835　传真：85113293
网　　址：http://www.chlip.com.cn
Email：club@chlip.com.cn
如发现图书残缺请与我社邮购联系调换
191269S6X101ZYW

我对房子的要求

- 日照
- 通风
- 窗外的绿色风景

面积小、收纳空间少等问题都可以通过各种方法解决，但这三个条件却根据每个房子而有所不同。我已经找了很多年满足这三个条件的二手房了。其实一个房子最重要的是舒适程度，收纳只不过是提高舒适程度的一种手段而已。